宁波市工程建设地方细则

宁波市人工冻土试验取样技术细则

Implementation rules for sample preparation of artificial frozen soil test in Ningbo

2018 甬 DX-13

主编单位：宁波工程学院
　　　　　浙江省工程勘察院
　　　　　中国矿业大学
参编单位：宁波市轨道交通集团有限公司
　　　　　宁波冶金勘察设计研究股份有限公司
　　　　　宁波市交通规划设计研究院有限公司
　　　　　宁波市城建设计研究院有限公司
　　　　　中煤隧道工程有限公司
批准部门：宁波市住房和城乡建设委员会
实施日期：2019 年 1 月 1 日

U0396003

浙江工商大学出版社 ｜ 杭州
ZHEJIANG GONGSHANG UNIVERSITY PRESS

图书在版编目(CIP)数据

宁波市人工冻土试验取样技术细则 / 宁波市住房和城乡建设委员会发布. — 杭州:浙江工商大学出版社,2018.12
ISBN 978-7-5178-3063-4

Ⅰ. ①宁… Ⅱ. ①宁… Ⅲ. ①人造冻土－土质取样－土工试验－技术规范－宁波 Ⅳ. ①P642.14-65 ②TU412-65

中国版本图书馆CIP数据核字(2018)第269468号

宁波市人工冻土试验取样技术细则

Ningboshi Rengong Dongtu Shiyan Quyang Jishu Xize

宁波市住房和城乡建设委员会 发布

责任编辑	张婷婷
封面设计	林朦朦
责任印制	包建辉
出版发行	浙江工商大学出版社
	(杭州市教工路 198号邮政编码 310012)
	(E-mail:zjgsupress@163.com)
	(网址:http://www.zjgsupress.com)
	电话:0571-88904980,88831806 (传真)
排　版	杭州彩地电脑图文有限公司
印　刷	杭州宏雅印刷有限公司
开　本	850mm×1168mm 1/32
印　张	2.125
字　数	51千
版 印 次	2018年12月第1版　2018年12月第1次印刷
书　号	ISBN 978-7-5178-3063-4
定　价	23.00元

宁波市住房和城乡建设委员会文件

甬建发〔2018〕164号

宁波市住房和城乡建设委员会关于
发布人工冻土试验取样技术
细则的通知

各区县（市）、开发园区住房城乡建设行政主管部门，各有关单位：

为规范我市人工冻土工程勘察取样工作，统一冻土试验取样技术，结合宁波地方工程特点，由宁波工程学院、浙江省工程勘察院、中国矿业大学等主编了《宁波市人工冻土试验取样技术细则》。现已通过专家评审验收并批准发布，编号为2018甬DX-13，自2019年1月1日起执行。相关文本可在宁波市绿色建筑与建筑节能网（http://www.nbjzjn.com）下载。

宁波市住房和城乡建设委员会
2018 年 11 月 16 日

前　　言

　　人工冻结法是宁波市轨道交通等市政工程中重要的特殊施工方法，是通过对地层的加固和改良，来解决软弱或含水地层中地下工程建设遇到的施工难题。人工冻土试验获得的冻结参数对冻结工程的设计和施工意义重大，而现场的取样质量又会直接影响到人工冻土试验结果的可靠性和准确性。为提高人工冻土试验的取样水平，保证轨道交通等市政工程建设中人工冻结法的设计和施工安全，编制组在参考相关标准《建筑工程地质勘探与取样技术规程》（JGJ/T 87）、《土工试验方法标准》（GB/T 50123）、《岩土工程勘察规范》（GB 50021）、《人工冻土物理力学性能试验》（MT/T 593）和《宁波市土工试验技术细则》(2018 甬 DX-02) 等资料的基础上，充分总结宁波市人工冻土试验方面的实践经验与研究成果，并借鉴国内外先进经验，在广泛征求意见的基础上，完成了本细则的制定工作。

　　本细则共分为 6 章内容，另有细则用词说明、引用标准名录及条文说明。其中，内容包括：总则；术语；基本规定；原状土的取样；扰动土的取样；冻结原状土的取样；附录。

　　本细则由宁波市住房和城乡建设委员会负责管理，宁波工程学院、浙江省工程勘察院、中国矿业大学等编制单位负责具体技术内容的解释。为了提高本细则质量，请各单位在执行过程中，结合工程实践，总结经验，积累资料，并将意见和建议寄至：宁波市海曙区丽园南路 501 号地质大厦主楼浙江省工程勘察院《宁波市人工冻土试验取样技术细则》编制组，邮编：315012，以供修编时参考。

主编单位：宁波工程学院

　　　　　浙江省工程勘察院

　　　　　中国矿业大学

参编单位：宁波市轨道交通集团有限公司

　　　　　宁波冶金勘察设计研究股份有限公司

　　　　　宁波市交通规划设计研究院有限公司

　　　　　宁波市城建设计研究院有限公司

　　　　　中煤隧道工程有限公司

主要起草人：陈　斌　潘永坚　姚燕明　岳丰田

　　　　　（以下按姓氏笔画排列）

　　　　　王继成　牛富生　孔　锐　石荣剑　叶荣华

　　　　　朱敢为　孙　猛　李占涛　张立勇　张春进

　　　　　张俊杰　张　勇　陆　路　陈建伟　林乃山

　　　　　施素芬　姚任行　唐　江　蒋安夫　韩乾坤

　　　　　嵇　彭　温小栋　楼希华　蔡国成

主要审查人：张皖湘　刘干斌　饶　猛　王小军　胡立明

目　　次

1 总 则

1.0.1 为科学引导和规范宁波市人工冻土试验的取样工作，统一取样方法，促进冻土试验水平和试验质量的提高，制定本细则。

1.0.2 本细则适用于宁波市市政工程、房屋建筑建设中人工冻土试验的取样工作，也可用于指导其他工程人工冻土试验的取样工作。

1.0.3 人工冻土试验的取样工作内容包括土样的采集、包装、运输、接收、贮存和初步处理等。

1.0.4 在取样工作中，应采取有效措施，保护环境和节约资源，保障人身和施工安全，保证取样质量。

1.0.5 人工冻土试验的取样工作除应符合本细则的规定外，尚应符合国家、行业和地方现行相关标准的规定。

2 术 语

2.0.1 人工冻土 artificially frozen soil

通过人工制冷的方法使含水地层降温冻结，形成的处于负温或者零度并含有冰的土体称人工冻土。

2.0.2 人工冻结法 artificial ground freezing method

用人工制冷的方法，将含水地层进行冻结，形成具有临时承载和隔水作用并满足工程施工安全需要的冻结壁，在冻结壁的保护下进行掘砌作业的一种施工方法。

2.0.3 冻结壁 frozen soil wall

用制冷技术在构筑物周围地层中所形成的具有一定厚度和强度的连续冻结土体，称为冻结壁，工程中也称为冻土墙。

2.0.4 原状土样 undisturbed soil sample

土样取出后其含水率、密度、胶结性和结构等物理力学性能保持不变或变化很小，能满足室内试验各项要求的土样。

2.0.5 扰动土样 disturbed soil sample

天然结构受到破坏或含水率等指标发生改变的土样。

2.0.6 重塑土样 remolded soil sample

土样取出经重新制备后其胶结性、含水率、密度和结构等物理性能有所改变的试样。

2.0.7 冻土试验 frozen soil tests

在不同温度条件下，按照规定的程序来测试冻土试样的物理力学性能参数及热物理参数的操作过程。

2.0.8 原状土冻结试样 undisturbed soil frozen specimen

从未冻结地层中取得未受扰动的土样，在实验室内进行加工后，进行人工冻结而形成的冻土试样。

2.0.9 重塑土冻结试样 frozen remolded soil specimen

经重新配制、加工成型，在负温条件下冻结而形成的冻土试样。

2.0.10 人工冻结原状土试样 frozen undisturbed soil specimen

将地层进行人工冻结后，地层中形成冻土，从冻结地层中取得冻结后的原状土样，进行加工而成的冻土试样。

2.0.11 钻进 drilling

利用钻机或者专用工具，以机械或人力作动力，向地下钻孔以取得试样的过程。

2.0.12 回转钻进 rotary drilling

利用回转器或者孔底动力机具转动钻头，切削或破碎孔底土层的钻进方法。

2.0.13 螺旋钻进 auger drilling

利用螺旋钻具转动旋入孔底土层的钻进方法。

2.0.14 冲击钻进 percussion drilling

借助钻具重量，在一定的冲程高度内，周期性地冲击孔底破碎岩土的钻进方法。

2.0.15 冲击回转钻进 percussion-rotary drilling

在回转钻具上安装冲击器，利用液压或风压产生冲击，使钻具既有冲击作用又有回转作用的综合性钻进方法。

2.0.16 取土器 soil sampler

在钻孔中采取岩土样的专用管状器具。

2.0.17 薄壁取土器 thin-wall sampler

内径为 75mm～100mm、面积比不大于 10%（内间隙比为 0）或面积比为 10%～13%（内间隙比为 0.5～1.0）的无衬管取土器。

2.0.18 厚壁取土器 thick-wall sampler

内径为 75mm～100mm、面积比为 13%～20% 的有衬管的取土器。

2.0.19 土样回收率 soil sample recovery rate

土样长度与取土器贯入孔底以下土层深度的比值。

3 基本规定

3.0.1 本细则适用于黏性土、粉土、砂性土等原状土、扰动土及人工冻结原状土的取样工作。

3.0.2 施工现场取样的深度范围除人工冻结施工区域外，还应包括冻结施工影响范围内的地层。

3.0.3 取样工作应根据取样技术要求、地层类别、场地及环境条件，选择合适的钻探设备、钻进工艺、取样方法和取样器具。

3.0.4 现场钻探取样施工时应考虑钻探对工程自然环境的影响，施工前应对施工场地进行调查，防止钻探施工对地下管线、地下工程和自然环境的破坏。

3.0.5 钻探、探井、探槽、探洞等取样施工结束后，应根据工程要求选用适应的材料分层回填，防止对后续施工的影响。

3.0.6 土样数量和规格应满足试验项目的要求，根据不同的试验内容要求，确定每层土的取样数量和土样尺寸规格，土样最小尺寸应大于土样中最大颗粒粒径的 10 倍。

3.0.7 原状土样或者需要保持天然含水率的扰动土样，在取样之后，应采取措施及时密封土样，并做好标识。

3.0.8 送样时应提供土样的送样单和试验委托书。

3.0.9 试验单位接到土样后，应按送样单和试验委托书进行验收，送样单位与试验单位签字确认。

3.0.10 土样的运送和贮存过程中应根据要求控制环境条件，避免对土样产生较大扰动。

3.0.11 土样从取样之日起至开始试验的贮存时间不应超过 3 周。

4 原状土的取样

4.1 一般规定

4.1.1 取原状土样时，应保证土样的原状结构和天然含水率不改变。

4.1.2 原状土样宜从地面采用钻探方法采集，钻探口径和钻具规格应符合现行国家标准的规定，可参照本细则附录 A 的相关规定。成孔口径应根据钻孔取样、地层条件和钻进工艺确定，钻孔孔径应比使用的取土器外径大一个径级。

4.1.3 钻探过程中设备的性能应符合相关技术标准的要求。

4.1.4 对于黏性土、饱和粉土宜采用回转钻进的方法。粉、细砂土层可采用活套闭水接头单管钻进；中、粗、砾砂土层可采用无泵反循环单层岩芯管回转钻进并连续取芯，取芯困难时，可用贯入法取样。

4.1.5 地下水位以上地层应采用干法钻进，不得注水或使用冲洗液。

4.1.6 在地下水位以下地层中钻进时，可选用清水、泥浆、套管等护壁措施。当采用套管护壁时，应先钻进后跟进套管，套管的下设深度与取样位置之间应保留三倍管径以上距离，并保持套管内的水位不低于地下水位。

4.1.7 采用冲洗、冲击、振动等方式钻进时，应在预计取样位置 1m 以上改用回转钻进。

4.1.8 应严格控制钻进的回次进尺，使取样的深度精度符合要求。钻进深度和取样深度的量测精度，不应低于

±50mm。

4.1.9 钻孔取土器技术规格应符合本细则附录B的规定。各类钻孔取土器的结构应符合本细则附录C的规定。

4.1.10 取土样前，应对所使用的钻孔取土器进行检查，并应符合下列规定：

1 取土器刃口卷折、残缺累计长度不应超过周长的3%，刃口内径偏差不应大于标准值的1%；

2 对于取土器，应量测其上、中、下三个截面的外径，每个截面应量测三个方向，且最大与最小值之差不应超过1.5mm；

3 取样管内壁应保持光滑，其内壁的锈斑和黏附土块应清除；

4 各类活塞取土器活塞杆的锁定装置应保持清洁、功能正常、活塞松紧适度、密封有效；

5 取土器的衬筒应保证形状圆整、内侧清洁平滑、缝口平接、盒盖配合适当，重复使用前，应予以清洗和整形；

6 敞口取土器头部的逆止阀应保持清洁、顺向排气排水畅通、逆向封闭有效；

7 回转取土器的单动、双动功能应保持正常，内管超前度应符合要求，自动调节内管超前度的弹簧功能应符合设计要求；

8 当零部件功能失效或者有缺陷时，应修复或更换后才能投入使用。

4.1.11 取土器下放之前应清孔，孔底残留浮土厚度不应大于取土器废土段长度。采用敞口取土器取样时，孔底残留浮土的厚度不得超过5cm。

4.1.12 采取原状土试样宜用快速静力连续压入法。对于软土地层，应采用薄壁取土器；对于较硬土层，宜采用二（三）重管回转取土器钻进取样。

4.2 回转式取样

4.2.1 钻机安装必须牢固，保持钻进平稳，防止钻具回转时抖动，升降钻具时应避免对孔壁的扰动破坏。

4.2.2 采用单动、双动二（三）重管采取原状土样，应事先校直钻杆，保持钻具垂直、平稳回转钻进，并可在取土器上加接重杆。

4.2.3 冲洗液宜采用泥浆，钻进参数宜根据各场地地层特点通过试钻确定，或根据已有经验确定。

4.2.4 取样开始时应将泵压、泵量减至能维持钻进的最低限度，然后随着进尺的增加，逐渐增加至正常值。

4.2.5 回转取土器应具有可改变内管超前长度的替换管靴。内管管口至少应与外管齐平，随着土质变软，可使内管超前长度增加至 50mm～150mm。对软硬交替的土层，宜采用具有自动调节功能的改进型单动二（三）重管取土器。

4.2.6 对硬塑以上的硬质黏性土、密实砾砂中，可采用双动三重管取样器采取原状土试样。对于非胶结的砂层，取样时可在底靴上加置逆爪。

4.2.7 粉土层、砂层取样时，可采用双管单动内环刀取砂器。

4.3 贯入式取样

4.3.1 采用贯入式取样时，取土器应平稳下放，不得碰撞孔壁和冲击孔底。取土器下放后，应核对孔深与钻具长度，残留浮土厚度超过规定时，应提起取土器重新清孔。

4.3.2 采取原状土试样时，应采用快速、连续的静压方式贯入取土器，贯入速度不小于 0.1m/s。当利用钻机的给进系统施压时，应保证具有连续贯入的足够行程。

4.3.3 在压入固定活塞取土器时，应将活塞杆与钻架连接牢固，避免活塞向下移动。活塞杆位移量不得超过总贯入深度的1%。

4.3.4 取土器贯入深度宜控制在取样管总长的90%，贯入深度应在贯入结束后仔细量测并记录。

4.3.5 提升取土器之前，为切断土样与孔底土的联系，可以回转2~3圈或者稍加静置之后再提升。

4.3.6 提升取土器时应平稳，避免磕碰。

4.4 原状土样的包装和运输

4.4.1 取土器提出地面之后，应小心地将土样连同容器（衬管）卸下，并应符合下列要求：

1 对于以螺钉连接的薄壁管，卸下螺钉后可立即取下取样管。

2 对丝扣连接的取样管、回转型取土器，应采用链钳、自由钳或专用扳手卸开，不得使用管钳之类易使土样受挤压或使取样管受损的工具。

3 采用外管非半合管的带衬取土器时，应使用推土器将衬管与土样从外管推出，并应事先将推土端土样削至略低于衬管边缘，防止推土时土样受压。

4 对活塞取土器，卸下取样管之前应打开活塞气孔，消除取土器内的真空。

4.4.2 对钻孔中采取的原状土试样，应在现场测定取样回收率。取样回收率大于1.0或小于0.95时，应检查尺寸量测是否有误、土样是否受压，并根据具体情况决定土样废弃或作扰动土样使用。

4.4.3 土样密封可选用下列方法：

1 将上下两端各去掉约 20mm，加上一块与土样截面面积相当的不透水圆片，再浇灌蜡液，至与容器端齐平，待蜡液凝固后扣上胶皮或塑料保护帽。

2 用配合适当的盒盖将两端盖严后，将所有接缝用纱布条蜡封。

4.4.4 每个土样封蜡后均应填贴主、副土样标签，其中主土样标签贴于土样容器外壁，副土样标签贴于土样容器上盖。

4.4.5 主土样标签上下方向应与土样方向一致，并牢固粘贴于容器外壁。主土样标签应记载下列内容：工程名称、钻孔编号、土样编号、取样深度、土层名称、土层编号、取样日期、取样人姓名等。

4.4.6 副土样标签应牢固贴于土样容器上盖。副土样标签应记载下列内容：工程名称、土样编号、取样深度、取样日期等。

4.4.7 土样的标识应采用防水处理，可以采用铭牌或者填写后用胶带密封处理，防止浸入水后造成标识无法识别。

4.4.8 土样密封后应置于湿度及温度变化小的环境中，避免土样受到曝晒或冰冻。

4.4.9 运输土样，应采用专用土样箱包装，同一土样箱内应装入相同取样时间、相同钻孔、相同取样人所取土样。

4.4.10 装箱时，应与送样单对照清点无误后再装入，并在送样单上注明装入箱号。

4.4.11 整理土样资料时，对不满足要求的土样，应分析原因，补充新的土样。

4.4.12 装箱时土样应按上、下部位将取样筒立放，取样筒之间用柔软缓冲材料填实。

4.4.13 土样装箱后，应在木箱上编号并标出"易碎物品""向上""怕雨"等字样及相应图案，一箱土样总重不宜超过 40kg。

4.4.14 对易于震动液化、水分离析的土样，不宜长途运输，宜在现场或就近进行室内试验。

4.4.15 送样时，应提供送样单和试验委托书，汇总完整的取样资料，以满足试样核查和统计要求。

1 原状土送样单的内容应包括：工程名称、钻孔编号、土样编号、取样深度、土层名称、装箱编号等。

2 原状土试验委托书应明确试验内容，说明具体的测试项目、试验温度等参数，还应包括委托日期、试验目的、负责人和联系人等。

4.5 原状土样的接收、贮存和初步处理

4.5.1 试验单位接到土样后，应按送样单和试验委托书进行验收。验收时需查明土样数量是否有误，编号是否相符，所送土样是否满足试验项目和试验方法的要求，必要时可以抽验土样质量。

4.5.2 土样清点验收后，应根据试验委托书登记于土样接收表内，送样单和试样委托书由委托方和试验方签字确认，并由双方保存。土样接收表登记的内容应包括工程名称、委托单位、送样日期、土样的实验室编号、土样原始编号、试验项目以及要求提出成果的日期、试验后土样保存时间等。

4.5.3 土样送交试验单位验收、登记后，即将土样按顺序妥善存放于恒温恒湿室内环境，按要求逐项进行试验。

4.5.4 对密封的原状土样应小心搬运和妥善存放，在试验前不应打开包装。试验前如果需要进行土样鉴别和分类必须开启时，在检验后应迅速妥善密封保存，使土样少受扰动。

4.5.5 土样的存放要考虑实验室环境、卫生等的要求。

4.5.6 试验前应用修土刀、切土盘和切土器对土样进行初步处理，以满足试样的制样和贮存要求，按试验要求加工试样。

4.5.7 原状土样的加工处理应在恒温恒湿环境下进行，小心开启原状土样包装皮，辨别土样上下和层次，整平土样两端。

4.5.8 处理原状土样时，应保持原土样温度、结构和含水率不变，当确定土样结构已受较大扰动或者土样质量不符合规定时，不应用于制备人工冻土试样。

4.5.9 切削过程中，应细心观察土样情况，并描述它的层次、气味、颜色，有无杂质，土质是否均匀，有无裂缝等。

4.5.10 无特殊要求时，应使试样轴向与自然沉积方向一致，即切土方向与天然层次垂直，并保持土样的上下与原来地层一致。

4.5.11 处理后试样的规格尺寸应满足不同试验项目的要求。

4.5.12 切取试样后剩余的土样，应用蜡纸包好，置于保湿器中，以备补做试验。

5 扰动土的取样

5.1 一般规定

5.1.1 人工冻土试验应以原状土样的试验为主，当原状土试样数量不能满足要求时，可采用扰动土样进行参数测试。

5.1.2 扰动土样的取样方法可以采用钻探方法进行，当扰动土取样数量较多时，可以采用探井、探槽或者探洞的方式取样。

5.1.3 在现场地面取土存在困难时，可在临近开挖的基坑选取对应的地层深度，进行扰动土取样。

5.1.4 试样制备的数量按照不同试验的要求而定，取土量应考虑多制备 1~2 个备用试样。

5.2 扰动土样的采集

5.2.1 扰动土样宜采用钻探、井探、槽探和洞探的方法取样，并应采取相应的安全措施；当采用探井、探槽和探洞取样时，应与开挖同步进行。

5.2.2 探井深度不宜超过 20m，掘进深度超过 7m 时，应向井内通风、照明。遇到地下水时，应采取相应的排水和降水措施。

5.2.3 探井断面宜采用圆形或者矩形，圆形探井直径不宜小于 0.8m；矩形探井不宜小于 1.0m×1.2m。

5.2.4 探洞断面宜采用梯形、矩形或者拱形，洞宽不宜小于 1.2m，洞高不宜小于 1.8m。

5.2.5 探井的井口和探洞的洞口位置应选择在坚固且稳定的部位,并满足施工安全和取样的要求。当探井深度较大时,应根据地层条件采用支撑措施。

5.2.6 在基坑内取样时,应与地层开挖同步进行取样,扰动土样宜用盒装,土样容器宜做成装配式并且应有足够刚度,避免土样因自重过大而产生变形,并不宜在注浆加固区域取样。

5.3 扰动土样的包装和运输

5.3.1 采取的扰动土样应直接装入取样容器中,取样容器可采用PVC管、密封包装袋、密封塑料桶等,并及时贴上标签,标签格式可参照原状土的格式要求。

5.3.2 扰动土样的运输要求可按照常规货物的运输要求执行。

5.3.3 扰动土样送样时,应提供送样单和试验委托书,送样单和试验委托书格式可参考第4.4.15条。

5.4 扰动土样的接收、贮存和初步处理

5.4.1 扰动土样的接收程序同原状土样,具体可参照条文第4.5.1条、4.5.2条和4.5.3条的要求。

5.4.2 扰动土样在试验前须进行预制备程序,主要包括土的风干、碾散、过筛、匀土、分样、贮存等。

5.4.3 将扰动土样从土样筒或者包装袋中取出后,首先进行土样的描述,基本内容包括颜色、土类、气味及夹杂物等。

5.4.4 将扰动土样充分拌匀后,应取代表性土样进行含水率测试,获取土样的初始含水率。

5.4.5 将块状扰动土放在橡皮板上用木碾或者利用碎土器碾散,碾散时应确保土颗粒的完整。

5.4.6 对于含水率较大的扰动土样,碾散时可先将土样

风干。根据试验所需要的土样数量，将碾散后的土样过筛。热物理参数试验土样，应过 0.5mm 筛；物理力学参数试验土样，应过 2mm 筛。过筛后用四分对角取样法或分砂器，取出足够数量的代表性土样，分别装入玻璃缸内，标以标签，以备后续试验使用。

5.4.7 根据试样所需要的干密度、含水率，计算需要掺入的水量，制备润湿土样。

5.4.8 为配制一定含水率的土样，取过筛的足够试验用的土样，平铺在不吸水的盘中，按照需要的含水率要求计算需要添加的水量，用喷雾器均匀喷洒在土层表面，静置一段时间后，装入玻璃缸内盖紧备用。

5.4.9 测定润湿后土样不同位置的含水率，要求测试 2 个以上位置处土样的含水率，取平均值作为含水率取值。

5.4.10 制备试样的密度、含水率与制备标准的差值应在 ± 0.01g/cm^3 与 $\pm 1\%$ 范围以内。平行试验或一组试验内各试样间的密度差值应小于 0.01g/cm^3。

5.4.11 制备好的试样应及时贴上标签（内容应标明来源、层位、重量、日期等），装入塑料袋内密封，置于所需试验温度下恒温养护，在 24h～48h 内可用于试验。

6 冻结原状土的取样

6.1 一般规定

6.1.1 冻结原状土样宜在探井、探槽和探洞中刻取，也可采用钻孔方法在人工形成的冻结壁上采取。

6.1.2 取样的位置应位于冻结壁内部，且远离冻结壁边界 0.3m 以上，当取样区域内有冻结管时，取样的区域应远离冻结管 0.3m 以上，且取样间距大于 0.3m。

6.1.3 钻孔取样时应设置护孔管及套管封水，或者采取其他防止地下水流进入孔内的止水措施。

6.1.4 在冻结壁内钻探过程中，应做好人员及设备的防冻工作。

6.2 冻结原状土样的采集

6.2.1 采用钻进方法进行冻结原状土样的采集时，应符合下列规定：

1 在低含冰量的冻结地层中取样时，宜采取低速干钻方法，每次钻进时间不宜超过 5min，回次进尺宜为 0.2m ~ 0.5m。

2 在冻结黏性地层中形成的高含冰量冻结壁中取样时，宜采取快速干钻方法，回次进尺不宜大于 0.8m。

6.2.2 冻结原状土样取样时，宜采取大直径岩芯管试样，钻进的开孔直径不应小于 130mm，终孔直径不宜小于 110mm；当岩芯管取样困难时，可采用薄壁取土器击入法取样。

6.2.3 钻孔内有残留松散冻土时，应设法及时清除残留松动冻土后，再重新进行钻进；不能连续钻进时，应将钻具及时从孔内提出。

6.2.4 钻进过程发现冻结壁融化时，应停止钻进，加强冻结，待冻结壁稳定后再进行后续施工。

6.2.5 从岩芯管内取芯时，可采用缓慢泵压法退芯，当退芯困难时，也可采用热水辅助加热岩芯管。

6.3 冻结原状土样的包装、运输和贮存

6.3.1 对于保持冻结状态的冻结原状土样，取样后应立即进行妥善密封、编号和称重，并放入恒低温环境中保存。现场具备试验条件时，宜在现场进行试验；不具备现场试验条件时，应及时送专业实验室进行后续试验。

6.3.2 冻结原状土样运输前，应采用塑料袋密封包装，并在塑料袋外贴上标签，标签格式可参照第4.4.5条和第4.4.6条的相关规定。

6.3.3 冻结原状土样的运送过程应用恒低温冷藏车运至试验地点，运输过程中应避免试样振动。

6.3.4 试验人员应根据送样单验收土样，验收合格后在接收单上签字登记。送样单、接收单等材料以及接收程序可参照第4.5.1条和第4.5.2条的相关规定。

6.3.5 冻结原状土样应按层位分别存放在恒温冷库的指定位置，存放期间环境温度波动幅度不应超过3℃。

6.3.6 试验单位接收冻结原状土样后，应在3周内进行相应的试验内容。

附录 A 钻孔口径及钻具规格

表 A 钻孔口径及钻具规格

钻孔口径(mm)	钻具规格 (mm)									
	岩芯外管		岩芯内管		套管		钻杆		绳索钻杆	
	D	d	D	d	D	d	D	d	D	d
91	89	81	77	70	108	99.5	67	55	—	—
110	108	99.5	—	—	127	118	—	—	—	—
130	127	118	—	—	146	137	—	—	—	—
150	146	137	—	—	168	156	—	—	—	—

注：D 表示外径，d 表示内径。

附录 B 取土器技术标准

B.0.1 贯入型取土器技术指标应符合表 B.0.1 的规定。

表 B.0.1 贯入型取土器技术指标

取土器		取样管外径(mm)	刃口角度(°)	面积比(%)	内间隙比(%)	外间隙比(%)	薄壁管总长(mm)	衬管长度(mm)	衬管材料	说明
薄壁取土器	敞口	50,75,100	5~10	<10	0	0	500,700,1000	—	—	—
	自由活塞	75,100								
	水压固定活塞			>10	0.5~1.0					
	固定活塞			<13						
束节式取土器		50,75,100	管靴薄壁段同薄壁取土器，长度不小于内径的3倍					200,300 200,300	塑料、酚醛层压纸或环刀	—
厚壁取土器		75~89,108	<10双刃角	13~20	0.5~1.5	0~2.0	—	150,200,300	塑料、酚醛层压纸或镀锌铁皮	废土段长度200mm

注：1. 如果使用镀锌铁皮衬管，应保证形状圆整，满足面积比要求，重复使用前应注意清理和整形；
　　2. 厚壁取土器亦可不用衬管，另备盛样管。

B.0.2 回转型取土器技术指标应符合表 B.0.2 的规定。

表 B.0.2 回转型取土器技术指标

取土器类型		外径 (mm)	土样直径 (mm)	长度 (mm)	内管超前	说明
双重管 （加内衬管即为三重管）	单动	102	71	1500	固定可调	直径尺寸可视材料规格稍作变动，但土样直径不得小于71mm
		140	104			
	双动	102	71	1500	固定可调	
		140	104			

B.0.3 环刀取砂器技术指标应符合表 B.0.3 的规定。

表 B.0.3 环刀取砂器技术指标

取砂器类型	外径 (mm)	砂样直径 (mm)	长度 (mm)	内管超前 (mm)	应用范围	取样方法
内环刀取砂器	75~95	61.8~79.8	710	无内管	粉砂、细砂、中砂、粗砂、砾砂，亦可用于软塑、可塑性黏性土及部分粉土	压入法或重锤少击法取样
双管单动内环刀取砂器	108	61.8	675	20~50（根据土层硬度超前量自动调节）	粉砂、细砂、中砂、粗砂、砾砂，亦可用于软塑、可塑性黏性土及部分粉土	回转钻进法取样

附录 C 各类取土器结构示意图

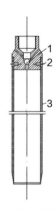

图 C.0.1 敞口薄壁取土器

1—阀球；2—固定螺钉；3—薄壁器

图 C.0.2 固定活塞取土器

1—固定活塞；2—薄壁取样管；3—活塞杆；4—消除真空杆；5—固定螺钉

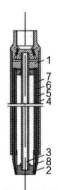

图 C.0.3 水压固定活塞取土器

1—可动活塞；2—固定活塞；3—活塞杆；4—活塞缸；5—竖向导杆；6—取样管；7—衬管（采用薄壁管时无衬管）；8—取样管刃靴

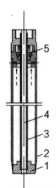

图 C.0.4 自由活塞取土器

1—活塞；2—薄壁取样管；3—活塞杆；4—消除真空杆；5—弹簧锥卡

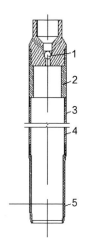

图 C.0.5 束节式取土器

1—阀球；2—废土管；3—半合取土样管；
4—衬管或环刀；5—束节薄壁管靴

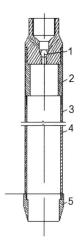

图 C.0.6 厚壁取土器

1—阀球；2—废土管；3—半合取土样管；
4—衬管；5—加厚管靴

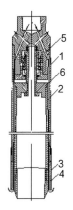

图 C.0.7 单动二（三）重管取土器

1—外管；2—内管（取样管及衬管）；
3—外管钻头；4—内管管靴；5—轴承；
6—内管头（内装逆止阀）

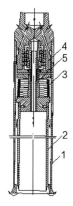

图 C.0.8 单动二（三）重管取土器
（自动调节超前）

1—外管；2—内管（取样管及衬管）；
3—调节弹簧（压缩状态）；4—轴承；
5—滑动阀

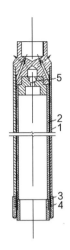

图 C.0.9 双动二(三)重管取土器

1—外管；2—内管；3—外管钻头；4—内管钻头；5—逆止阀

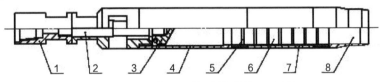

图 C.0.10 内环刀取砂器结构示意图

1—接头；2—六角提杆；3—活塞及"〇"形密封圈；4—废土管；5—隔环；6—环刀；7—取砂筒；8—管靴

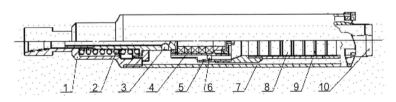

图 C.0.11 双管单动内环刀取砂器结构示意图

1—接头；2—弹簧；3—水冲口；4—回转总成；5—排气排水孔；6—钢球单向阀；7—外管钻头；8—环刀；9—隔环；10—管靴

附录 D 各类表格内容推荐格式

表 D-1 主土样标签

工程名称		土样编号	
取样深度		钻孔编号	
土层名称		取样日期	
土层编号		取样人	

附表 D-2 副土样标签

工程名称	
土样编号	
取样深度	
取样日期	

附表 D-3 原状土冻土试样送样单

工程名称：_____ 工程编号：_____

取样日期：_____ 填写人：_____ 负责人：_____

钻孔编号	土样编号	取样深度 (m)		野外定名	土层名称（编号）					装箱号	备注
		起始深度	终止深度		⑤₁	……	……	……	……		

注：本表一式两份，送样人和接收人签字后双方各保留一份；直接在土层名称下填入获得的土样数量。

送样单位：_____ 接收单位：_____

送样人：_____ 接收人：_____

送样日期：_____

附表 D-4 原状土冻土试验委托书

工程名称：_____ 工程编号：_____

填写日期：_____ 填写人：_____ 负责人：_____

土层编号	土层名称	试验项目					弯拉强度	……	……	……	备注
		单轴抗压强度									
		温度（℃）	-5	-10	-15	-20					

注：1. 直接在试验项目下打"√"。2. 本表一式两份，委托人和接收人签字后双方各保留一份。

委托单位：_____ 委托人：_____ 接收单位：_____ 接收人：_____ 委托日期：_____

附表 D-5　冻土试验土样接收表记录

工程名称：＿＿＿＿＿＿

送样日期：＿＿＿＿＿＿

填写人：＿＿＿＿＿＿

工程编号：＿＿＿＿＿＿

负责人：＿＿＿＿＿＿

钻孔编号	土样原始编号	土样实验室编号	土样名	取样日期	试验内容	试验报告要求日期	试验报告完成时间	试验后土样保持时间	备注

附表 D-6 扰动土冻土试样送样单

工程名称：_____

取样日期：_____ 填写人：_____ 工程编号：_____ 负责人：_____

取样地点	地层编号	地层名称	取样数量	取样日期	装袋编号	取样人	备注

注：本表一式两份，送样人和接收人签字后双方各保留一份。

送样单位：_____ 送样人：_____ 接收单位：_____ 接收人：_____ 送样日期：_____

27

附表 D-7 扰动土冻土试验委托书

工程名称：_____

填写日期：_____

工程编号：_____

填写人：_____ 负责人：_____

土层编号	土层名称	试验项目	单轴抗压强度				弯拉强度	备注
		温度（℃）	-5	-10	-15	-20	……	
		含水率（%）					……	
							……	

注：1. 根据需要的含水率，分别标注在表中，试验内容直接在试验项目下打"√"。2. 本表一式两份，接收人签字后双方各保留一份。

委托单位：_____ 接收单位：_____

委托人：_____ 接收人：_____

委托日期：_____

28

细则用词说明

1 为便于在执行本细则条文时区别对待，对要求严格程度不同的用词说明如下：

1) 表示很严格，非这样做不可的：

正面词采用"必须"，反面词采用"严禁"。

2) 表示严格，在正常情况下均应这样做的：

正面词采用"应"，反面词采用"不应"或"不得"。

3) 表示允许稍有选择，在条件许可时首先应这样做的：

正面词采用"宜"，反面词采用"不宜"。

4) 表示有选择，在一定条件下可以这样做的，采用"可"。

2 本细则中指明应按其他有关标准、规范执行时，写法为："应符合……的规定或要求"或"应按……执行"。

引用标准名录

1）《岩土工程勘察规范》GB 50021

2）《城市轨道交通岩土工程勘察规范》GB 50307

3）《冻土工程地质勘察规范》GB 50324

4）《岩土工程勘察安全规范》GB 50585

5）《土工试验方法标准》GB/T 50123

6）《土工试验规程》SL 237

7）《人工冻土物理力学性能试验》MT/T 593

8）《公路土工试验规程》JTG E40

9）《建筑工程地质勘探与取样技术规程》JGJ/T 87

10）《铁路工程土工试验规程》TB 10102

11）《铁路工程地质钻探规程》TB 10014

12）《浙江省城市轨道交通岩土工程勘察规范》DB 33/T 1126

13）《宁波市土工试验技术细则》2018 甬 DX-02

14）《宁波市轨道交通岩土工程勘察技术细则》2013 甬 SS-02

宁波市人工冻土试验取样技术细则

2018 甬 DX-13

条 文 说 明

目　次

1 总　则

1.0.1　本条文指出了制定本细则的目的。人工冻土试验在不同实验室进行，而取样一般是由各勘察单位来完成，制定取样细则的目的是使宁波地区人工冻结法试验的取样时有一个统一的技术准则，提高取样的技术水平和取样质量，使取样方法具有一致性、试验结果具有可比性。

1.0.2　本条文规定本细则的适用范围是宁波市市政工程、房屋建筑建设中应用人工冻结法施工的地层。所述冻结制冷方法是指以氯化钙盐水作为冷媒剂的间接制冷方法，使地层结冰而形成冻结壁。地层冻结技术不仅广泛应用于轨道交通建设中的旁通道工程，还可以应用于轨道交通隧道建设中的端头井及建筑基坑、盾构管廊等工程，这些工程中的人工冻土试验取样工作应执行本细则。

1.0.3　细则涉及的施工过程仅包括取样，即土样的采集、包装、运输、贮存和初步处理等过程，试样的加工及试验过程应根据试验内容的不同而参照不同的试验标准和规范要求。

1.0.4　城市轨道交通工程中的人工冻土取样施工主要在城市市区内进行，对环境保护要求更高，同时施工中要以人为本，保障施工人员的生命安全，保障取样质量和施工安全。

1.0.5　取样施工过程除应符合本细则的相关规定外，还应符合的规范、标准和技术细则主要包括《岩土工程勘察规范》（GB 50021）、《建筑工程地质勘探与取样技术规程》（JGJ/T 87）、《岩土工程勘察安全规范》（GB 50585）、《宁波市土工试验技术细则》（2018 甬 DX-02）等。

2 术 语

2.0.1 人工冻土 artificially frozen soil

通过人工冻结的方法形成的土样冻结体称为人工冻土，与此对应的概念为天然冻土或者季节冻土，两者的差别是形成冻土的方法不同。在工程建设的某些施工环节，当遇到技术等方面的困难时，常常利用冻土在物理力学方面的某些特性，如不透水性、强度高和变形小等，创造施工阶段的有利条件，快速、安全而经济的进行施工，冻土仅存在于地下工程的施工过程中，当施工完成后冻土就不复存在。

2.0.2 人工冻结法 artificial ground freezing method

在复杂水文地质条件下进行地下工程施工时，在施工区域的四周建造起临时的冻结壁，以保证不稳定的饱水土体在开挖施工过程中的稳定性的方法，该方法适用于城市轨道交通的地下工程施工等。人工冻结法的关键是通过人工制冷的方法获得的低温冷源，形成人工冻土的过程主要通过盐水冻结和液氮冻结两种方式，两者的差别是盐水冻结形成的冻土温度在 $-5℃\sim$ $-20℃$，液氮冻结形成冻土的温度在 $-50℃\sim-100℃$，本细则主要针对盐水冻结法工程需要的取样过程。

2.0.3 冻结壁 frozen soil wall

冻结降温后形成的冻结壁，常称为冻土帷幕或者冻土墙。冻结壁一般由两两相交的冻土圆柱组成，相邻冻土圆柱的交界面称为冻结壁界面。在施工中冻结壁主要指发挥支护或者防水作用的冻土发展的范围，所以也常称为冻结帷幕或冻结范围，而形成冻结壁的形状多为竖墙状，所以冻结壁也可称为冻土墙。

2.0.4 原状土样　undisturbed soil sample

取样过程一定会对地层产生扰动，所以绝对意义上的原状土样是无法获得的，因此 Hvorslev 将"能满足所有室内试验要求，能用以近似测定土的原位强度、固结、渗透以及其他物理性质指标的土样"定义为"不扰动土样"，也可称为原状土。

在实际工作中并不一定要求一个试样做所有的试验，而不同试验项目对土样扰动的敏感程度是不同的。因此，《岩土工程勘察规范》(GB 50021) 针对不同的试验目的将土样划分为四个质量级别，来评价土样的质量等级。

本细则中的原状土指的是取样后土样的基本性质改变较小，能够满足相关的试验内容的土样，按照《岩土工程勘察规范》（GB 50021）的质量分级标准，冻土物理力学实验和热物理实验要求所有的试样都为一级，所以本细则中不对土样的质量分级作出规定，即认为所有的原状土样的质量等级都按照一级来要求。

2.0.5 扰动土样　disturbed soil sample

扰动土样指的是取样后土样的天然结构受到破坏或含水率等指标发生了明显的改变，无法进行相应的冻土试验内容。取样的目的就是将土取回实验室，经过重塑加工后进行重塑土样的冻土试验。所以在重塑土试验中，在重塑土样加工前的土称为扰动土，加工后的土样称为重塑土，试验中扰动土和重塑土也可以混用。

2.0.6 重塑土样　remolded soil sample

重塑土样指从现场取回土样，经风干和碾散后，加水配置成与原地层含水率和密度相同的土样。由于重塑土样制样前需要风干和碾散，破坏了原来的结构，所以对于重塑土样的取样过程中的结构性、含水率、密度等参数，不作具体的规定。工程中所有的扰动土样都满足重塑土样的加工要求，本细则中扰动土样和重塑土样可以混用。

2.0.7 冻土试验　frozen soil tests

市政工程冻结法设计中需要的冻土试验参数主要包括冻土的热物理参数和物理力学参数。其中冻土的热物理参数主要包括冻结温度、冻土导热系数、导温系数、比热容等，而冻土的物理力学参数主要包括单轴抗压强度、弹性模量、泊松比、剪切强度、蠕变参数等。

2.0.8 原状土冻结试样　undisturbed soil frozen specimen

从施工现场取得的未受扰动的土样，其基本参数与现场基本一致，在实验室内加工后通过人工冻结形成的冻土试样，其性质也与现场冻结壁差别较小，通过原状土冻结试验进行的室内试验，获取的冻土热物理参数和物理力学参数可以代表现场冻结壁的相应参数，所以原状土冻结试样是冻土试验的优先选择，优先保证使用原状土冻结试样进行试验，当原状土冻结试样数量不能满足要求时，可选用重塑土冻结试样进行试验。

2.0.9 重塑土冻结试样　frozen remolded soil specimen

当施工现场无法获取原状土试样时，或者现场获取的原状土试样质量等级无法满足试验要求时，可以选用从现场获取的扰动土样，在实验室内重塑获得的重塑土试样进行冻结后，进行相应的热物理和物理力学参数试验，试验结果也可以表征现场地层的冻土参数。考虑到重塑土冻结试验在重塑过程中会改变土样的结构，消除地层中的裂纹和薄弱层，所以重塑土冻结试验获得的参数较原状土冻结试样获得参数稍大。

2.0.10 人工冻结原状土试样　frozen undisturbed soil specimen

直接从现场的冻结壁内钻取冻结原状土试样，可以有效保持现场土层的结构不受扰动，所以冻结原状土试样获得的冻土热物理参数和物理力学参数和现场冻结壁的参数最为接近。由于冻结原状土试样是在施工后从现场钻取，所以不能作为设计参数的获取来源，而只能作为校核设计参数使用。

2.0.17 薄壁取土器 thin-wall sampler

取样现场常用的取土器按照壁厚可分为薄壁和厚壁两类，按照进入土层的方式可分为贯入和回转两类。薄壁取土器壁厚仅 1.25mm～2.00mm，取样扰动小，质量高，但因壁薄，不能在硬和密实的土层中使用，其结构形式有以下几种：

1 敞口式 最简单的一种薄壁取土器，取样操作简便，但易逃土。

2 固定活塞式 在敞口薄壁取土器内增加一个活塞以及一套与之相连接的活塞杆，活塞杆可通过取土器的头部并经由钻杆的中空延伸至地面；下放取土器时，活塞处于取样管刃部端部，活塞杆与钻杆同步下放，达到取样位置后，固定活塞杆与活塞，通过钻杆压入取样管进行取样；活塞的作用在于下放取土器时可排开孔底浮土，上提时可隔绝土样顶部的水压、气压、防止逃土，同时又不会像上提活阀那样产生过度的负压而引起土样扰动；取样过程中，固定活塞还可以限制土样进入取样管后顶端的膨胀上凸趋势。因此，固定活塞取土器取样质量高，成功率也高，但因需要两套杆件，操作比较费事。固定活塞薄壁取土器是目前国际公认的高质量取土器。

3 水压固定活塞式 是针对固定活塞式的缺点而制造的改进型；其特点是去掉活塞杆，将活塞连接在钻杆底端，取样管则与另一套在活塞缸内的可动活塞联结，取样时通过钻杆施加水压，驱动活塞缸内的可动活塞，将取样管压入土中，其取样效果与固定活塞式相同，操作较为简便，但结构仍较为复杂。

4 自由活塞式 与固定活塞式不同之处在于活塞杆不延伸至地面，而只穿过接头，并用弹簧锥卡予以控制；取样时依靠土试样将活塞定期，操作较为简便，但土试样上顶活塞时易受扰动，取样质量不及以上两种。

回转型取土器有两种：

1 单动二（三）重管取土器 类似岩芯钻探中的双层岩芯管，取样时外管旋转，内管不动，故称单动；如在内管内再加衬管，则成为三重管；内管刃口的超前值可通过一个竖直弹簧按土层软硬程度自动调节，单动三重管取土器可用于中等以至较硬的土层。

2 双动二（三）重管取土器 与单动不同之处在于取样内管也旋转，因此可切削进入坚硬的地层，一般适用于坚硬黏性土，密实沙砾以至软岩。

2.0.18 厚壁取土器　thick-wall sampler

厚壁敞口取土器，是指目前大多数单位使用的内装镀锌铁皮衬管的对分式取土器。这种取土器与国际上惯用的取土器相比，性能相差甚远，不能视为高质量的取土器，一般可取扰动土样。

目前，厚壁敞口取土器中，大多使用镀锌铁皮衬管，其弊病甚多，对土样质量影响大，应逐步予以淘汰，代之以塑料或者酚醛层压纸管。目前应允许使用镀锌铁皮衬管，但要注意保持其形状圆整，重复使用前应注意整形，清除内外壁黏附的蜡、土或锈斑等。

2.0.19 土样回收率　soil sample recovery rate

按照 Hvorslev 的定义，土样回收率为 L/H，其中 H 为取样时取土器贯入孔底以下土层的深度，L 为土样长度，可取土样毛长，而不必是净长，即可从土试样顶端算至取土器的刃口，下部如有脱落可不扣除。土样回收率在 0.98 左右时是最理想的状况，大于 1.0 或者小于 0.95 时，都是土样受到扰动的标志。土样回收率可在现场测定，来评价取样扰动情况，但使用敞口式取土器时，测定土样回收率有一定困难。

3 基本规定

3.0.1 本条文规定了本细则涉及的主要地层，地层的范围涵盖了宁波地区地下工程施工常见的地层，具体土层划分和名称的依据可参照宁波市地方标准《宁波市轨道交通岩土工程勘察技术细则》（2013甬SS-02）中的相关规定。

3.0.2 为了满足人工冻结施工要求，取样范围应包含冻结施工区域内的全部地层，同时应包括冻结施工区域上下各6m范围涉及的地层。

3.0.3 冻结法施工遇到的地质、水文地质条件复杂，施工工序既要根据地质、水文地质条件合理设计，又要考虑到不同地质条件和水文地质条件对取样的影响。取样的方法经常受到地质条件、场地条件、施工环境的限制，应根据实际情况，合理选择钻机设备、钻具和钻进或者掘进方法，能够保证取样施工的顺利进行，做到因地制宜、因时制宜、合理组织、精心取样、严格取样过程。取样过程中需要的仪器设备可参照《岩土工程勘察规范》(GB 50021)和《建筑工程地质勘探和取样技术规程》(JGJ/T 87)中关于仪器设备的相关规定。

3.0.4 在取样施工过程中，可能会影响交通，给人们的生产生活带来不便，甚至会危及生命安全。同时也可能会破坏地下设施（如地下人防、电力、通信、给排水管道等），造成其无法正常运行，甚至危及取样操作人员的生命安全。施工过程也可能会破坏环境、污染地下水等，因而在取样施工过程中需对施工场地进行详细的调查，并制定针对性的保护措施。

3.0.5 钻孔、探井、探槽和探洞等应在取样工作完成后妥善回填，如果回填质量不好，可能造成对自然环境的破坏，这种破坏往往在短期内或者局部范围内不易觉察，但可能会引起严重后果。特别是后期的盾构等压力施工中，易造成漏浆现象。因此，一般情况下均应回填，且应分段回填夯实。

1 采用原土回填时，应每 0.5m 分层夯实，回填土的密实度不宜小于天然土层。

2 采用直径 20mm 左右黏土球回填时，应均匀回填，每 0.5m～1m 分层捣实。

3 采用水泥、膨润土浆液或者水泥浆回填时，应使用泥浆泵将浆液送入孔底，逐步向上灌注。

4 采用素混凝土回填时，应分层捣实。

5 采用灰土回填时，应每 0.3m 分层夯实。

6 需要时，应对探洞洞口采取封堵处理。

3.0.6 冻土试验中的试样制备程序视不同试验要求而不同，土样制备前应根据试验的特点和要求，制定试验计划和试样加工要求，本细则仅对土样进行初步处理，满足试样加工前的要求。对于特殊的取样要求，应根据试验的目的，在相应的试验项目中做出相应的要求。取样的数量要求由试验项目确定，同时应有一定的富余量。土样采集和进行试验时，常规试验需要的原状土试样规格和数量应符合表 1 要求，具体取样时可根据具体的试验内容确定需要的试样数量。

表 1　原状土试样规格和数量

指标	试样尺寸	数量	需样总长	备注
原状土及冻土导热系数	Φ61.8mm×20mm	4	1 个 Φ105mm×300mm	
原状土及冻土比热	Φ61.8mm×20mm	4	1 个 Φ105mm×300mm	
土体冻结温度试验	Φ30mm×50mm	4	1 个 Φ105mm×300mm	

指标	试样尺寸	数量	需样总长	备注
冻土抗压强度 （冻土弹模、 冻土泊松比）	Φ61.8mm×125mm	15	7个 Φ105mm×300mm	
蠕变参数	Φ50mm×100mm	5	3个 Φ105mm×300mm	
弯拉强度	200mm×50mm×50mm	4	采用重塑土样进行	
冻胀率	Φ80mm×40mm	4	1个 Φ105mm×300mm	
有载冻胀	Φ80mm×40mm	6	3个 Φ105mm×300mm	
融沉系数	Φ80mm×40mm	4	1个 Φ105mm×300mm	
剪切强度	Φ50mm×100mm	8	3个 Φ105mm×300mm	
合计			21个 Φ105mm×300mm	

另外，考虑到不同区域地层性质的差异性和施工条件的差别，为了满足不同含水率及不同冻结温度下形成冻土强度的评价要求，利用钻孔取土后的扰动土可进行不同含水率、不同冻结温度下的物理力学参数和冻胀率的测试，推荐的试验内容如下：

1　单轴抗压强度（包括冻土弹模、冻土泊松比）　选择 $-5℃$、$-10℃$、$-15℃$、$-20℃$ 共四个温度，在最大、最小含水量之间选择四个含水率，进行测试。

2　弯拉强度　选择 $-5℃$、$-10℃$、$-15℃$、$-20℃$ 共四个温度，在最大、最小含水率之间选择四个含水率，进行测试。

3　冻土的冻胀率和融沉率试验　测试 $-10℃$ 下人工冻土的冻胀率和融沉率，作为评价施工过程中冻土对周围环境的影响。

4　人工冻土的有载冻胀试验　测试有载条件下冻土 $-10℃$ 的冻胀率和冻胀力，用于评价不同深度联络通道冻结过程中产生的冻胀对周围环境的影响，为采取针对性措施提供依据。

为了完成以上推荐的试验内容，取样的数量如表2所示。

表2 扰动土试样规格和数量

指标	试样尺寸	温度	含水率	单项试样数	总试样数	取样长度（m）
冻土抗压强度（冻土弹模、冻土泊松比）	Φ61.8mm×125mm	4	4	4	64	4
弯拉强度	200mm×50mm×50mm	4	4	4	64	6.4
有载冻胀率	Φ80mm×40mm	4	1	1	4	0.5
合计						11

所以，总体来说对于每层土的重塑试验来说，考虑到试样制作过程中的土样损失，当取样直径大于105mm时，可以适当减少地层取样的长度。

3.0.7 将土样取至地面后，由于环境的改变易造成水分的流失，从而改变土样的含水率，所以对于原状土样或者保持天然含水率要求严格的试样，在取样后应及时采取措施密封试样，密封的方法可采用蜡封等形式。

3.0.8 取样结束后应及时汇总完整的取样资料，送样前提供送样单，以满足试验单位接收试样的核查和统计，也方便取样单位核查不同地层的取样数量是否满足取样要求。试验委托书的目的是为试验单位提供具体的试验内容和责任人的联系方式，进一步核查取样规格和数量是否满足试验要求，当试样数量或者规格不能满足要求时，及时利用现场取样设备补充取样施工，直至满足试验取样要求。

3.0.9 试验单位接收土样时应根据试验内容及时验收取样的数量和规格，验收时需查明土样数量是否有误，编号是否相符，所送土样是否满足试验项目和试验方法的要求，在不满足试验要求时，应及时提出补充取样的要求，在现场取样设备拆除前进行补充取样工作。当土样规格和数量满足试验要求，土样数量和送样单一致时，送样单位和试验单位分别在送样单和试验委托书上签字确认，取样单位即完成了取样工作，后续的工作责任转入试验单位。

3.0.10 土样的运输与贮存过程中，对土样的扰动较大，易造成土样质量的下降，所以在运送和贮存过程中，应采取针对性的措施，来减少土样受到的扰动。

3.0.11 土样贮存期间的扰动影响较大，而又往往被人们忽视。有关研究表明，贮存期间的扰动可能更甚于取样过程中的扰动，考虑到后期冻结试样的制作过程要求，建议最长贮存时间不超过 3 周。试验后的土样，应保存至提交试验报告后半年，如委托单位事先提出特殊要求，可协商确定。

4 原状土的取样

4.1 一般规定

4.1.1 细则中规定的技术要求主要根据不同采集土样的种类、试验要求、工程特性的差别而不同，同时要考虑到土样的易碎性、敏感性等状况，其核心是尽量保持土样的形状和结构不受扰动，尽量保持土样的原有状态。按照冻土试验规程的要求，冻土相关试验内容要求土样的质量等级均为一级，即土样的不扰动。采取原状土样时，应保证取样的质量，及时评价土样的扰动程度，评价土样扰动程度的鉴定有多种方法，大致可分为：

1 现场外观检查 观察土样的完整性，有无缺陷，取样筒或者衬管是否出现挤扁、弯曲、卷折现象等。

2 测定回收率 回收率等于0.98左右时取样是最理想的，大于1.0或者小于0.95都是土样受扰动的标志。

3 X射线检验 可发现裂纹、空洞、粗粒包裹体等。

4 室内试验评价 由于力学参数对试样的扰动十分敏感，可根据室内的力学参数试验获得的力学性质试验结果来判断土样受扰动的程度。

一般而言，事后检验把关并不是保证土样质量的积极措施，对土样质量的控制要强调取样过程中的质量控制，即取样过程中必须严格按照设备和操作条件的规定执行。

4.1.2 根据工程经验，宁波地区市政工程中应用冻结法的地层深度一般较浅，常规的取样深度在10m～60m之间，考虑到取样施工的方便程度，采取原状土样时宜采用钻探的方式，而不采取探井、探槽或者探洞的方式采取，因为较大的取样深度，维护探井、探槽、探洞的稳定性技术难度大，只有取样深度较浅时，可考虑采取探井、探槽或者探洞的取样方式，但要严格控制探井、探槽或者探洞辅助施工时对地层的扰动，以保证取样的质量。钻孔和钻具的口径规格系列，既要考虑到我国现行的产品标准，也要考虑与国际标准尽可能相符或接近。考虑到冻土试验中的试样尺寸要求，钻探取样的直径应大于91mm，以减少对试样周围的扰动，方便后续土样的加工和处理。

4.1.4 选择钻进方法时考虑的因素主要包括：钻进方法应能适应取样地层的特点，并能保证尽量避免或减轻对取样段的扰动影响。采取回转方式钻进是为了尽量减少对地层的扰动，保证地层的可靠性和取样质量。

4.1.5 在地下水位以上钻进时，以干钻方法为主，避免护壁泥浆对取样地层的扰动和污染，当遇到松散填土及其他易坍塌的土层钻进时，可采用套管护壁。在地下水位以下的饱和软黏性土层、粉土层、砂土层钻进时，宜采用泥浆护壁。

4.1.6 冲洗液除冷却和润滑钻头、带走破坏后的土外，还能起到保护孔壁的作用，合理选用冲洗液，可以保证取样钻孔的质量和进度。考虑到下设套管对土层的扰动和取样质量的影响，一般情况下套管管靴以下约3倍管径范围内的土层会受到严重的扰动，在这一范围内不能采取原状土样。在实际工作中经常发生下设套管后因水头控制不当引起孔底管涌的现象。此时土层受扰动的范围和程度更大、更严重。因此在软黏性土、粉土、粉细砂层中钻进，凡能采用泥浆护壁不用套管的，尽可能不用套管。

必须采用套管护壁时，应先钻进后跟进套管，不得向未钻过的土层中强行击入套管。同时为避免孔底土隆起受扰，钻进过程中应保持孔内水头压力大于或等于孔周地下水压，保持套管内的水位不低于地下水位，提钻时应能通过钻具向孔底通气通水。

4.1.7 按照壁厚的不同，可以将取土器分为薄壁取土器和厚壁取土器，按照进入土层的方式不同，可以将取土器分为贯入式和回转式两类。为了保障取样质量，妥善保护取土器，使用前应仔细检查其性能、规格是否符合要求。

4.1.8 钻孔成孔直径要满足钻孔和取样的技术要求，钻孔深度测量精度也要满足取样的要求，本条规定是钻孔深度测量精度的基本要求。另外，除了对钻孔深度进行测量外，还需要对钻孔垂直度进行控制。考虑到取样的技术要求，钻孔的垂直度可参照地矿、铁道、建筑工程等部门有关规定中提出的钻孔测斜要求和偏差控制标准。钻进中，特别是深孔钻进时应加强钻孔倾斜的预防，采取防止孔偏斜的各种技术措施。

4.1.10 为保障取样质量，应妥善保护取土器，使用前应仔细检查其性能、规格是否符合要求。有关薄壁管几何尺寸、形状的监测标准是参照日本土质工学会标准提出来的。关于零部件功能目前尚未见有定量的检验标准。

4.1.12 关于贯入取土器的方法，宜用快速静力连续压入法，即只要能压入的要优先采用压入法，特别是对软土地层必须采用压入法。压入应连续而不间断，如用钻机给机构试压，则应配备有足够行程和压入速度的钻机。

4.2 回转式取样

4.2.1 回转取样最忌钻具抖动或偏心摇晃。抖动或摇晃一方面会破坏孔壁，另一方面会扰动土样，因此保证钻进的平稳至关重要。主要的措施是将钻机安装牢固，加大钻具质量。

4.2.2 钻进过程中，钻具应有良好的平直度和同心度，加接重杆是增加钻进平稳性的有效措施。

4.2.3 冲洗液除冷却和润滑钻头、带走钻头破碎的土层外，还能起到保护孔壁的作用，合理选择冲洗液，可以保证钻探质量和进度。施工中清水和泥浆护壁是行之有效的护壁方式，比较套管护壁，既能提高钻进速度，又有利于减轻对地层的扰动破坏。钻孔护壁可根据地层的坍塌和漏失的实际情况，选择一种方法，当地层条件较差时，也可以采用化学浆液来进行护壁。

4.2.4 合理的回转取样钻进参数是随地层条件而变的，目前尚未见有统一的标准，因此一般应通过试钻确定。

4.3 贯入式取样

4.3.1 取土器的贯入是取样操作的关键环节。对贯入的三点要求，即快速（不小于 0.1m/s）、连续、静压，是按照国际通行的标准提出来的。要达到这些要求，目前主要的困难是大多数现有的钻探设备性能不能适应，如静压能力不足，给进机构的行程不够或速度不够。因此，今后岩土工程勘察用的钻机应逐步更新换代。如果土质过硬，静压贯入困难，应考虑改用回转取土器。不完全禁止使用锤击法，但应尽可能做到重锤一击。

4.3.2 关于贯入取土器的方法，宜采用快速静力连续压入法，即只要能压入的要优先采用压入法，特别是对软土必须采用压入法。压入应连续而不间断，如果用钻机给进机构施压，则应配备有足够压入行程和压入速度的钻机。

4.3.3 活塞杆的固定方式一般是采用花篮螺丝与钻架相连并收紧，以限制活塞杆与活塞系统在取样时向下移动。能否固定的前提是钻架必须稳固，钻架支腿受力时不应挠曲，支腿着地点不应下坐。在水上取样时，最好能有牢固的水上平台，使取样设备不受波浪影响。在贯入过程中监视活塞杆的位移变化时，可在活塞杆上设定相对于地面固定点的标志，测记其高差。

4.3.5 为减少掉土的可能，本条规定可采用回转和静置两种方法。回转的作用在于扭断土样；静置的目的在于增加土样与容器壁之间的摩擦力，以便提升时拉断土样。这两种方法国外标准中都是允许的，可根据施工经验和习惯选用。

4.4 原状土样的包装和运输

4.4.2 测定回收率是鉴定土样质量的方法之一。但只有在使用活塞取土器时才便于测定，回收率大于 1.0 时，表明土样隆起，活塞上移；回收率低于 1.0 时，则活塞随同取样管下移，土样可能受压；回收率的正常值应介于 0.95～1.0 之间。

4.4.3 原状土或者需要保持天然含水率的扰动土，在取样之后，应立即密封取样筒，即先用胶布贴封取样筒上的所有缝隙然后用纱布包裹，再浇注熔蜡，以防水分散失，在两端盖上用红油漆写明"上、下"字样，以示土样层位。

4.4.4 取样后应及时标注标签，贴在取样筒上。土样的采集、运输和保管，是完成人工冻土试验极其重要的环节，特别是原状土的包装和标识，对于后期试样的识别加工尤为重要。土样上设置主副标签的目的：在一个试样标签损坏时，可通过另一个标签的内容及时与送样单比对，确认试样的资料；副土样标签贴于土样容器上盖，便于样品清点排查。

4.4.5 主土样标签的内容应包括土样基本信息，宜全部反映土样的基本情况，可以根据工程的复杂程度和取样数量适当增减部分内容，以既能识别土样信息，又方便施工记载为准。附录 D 是推荐格式，各取样单位可按照单位工作习惯，或者试验单位要求，对附录 D 格式做出修改，但其内容应满足条文 4.4.5 的要求。

4.4.6 考虑到土样容器上盖的面积，应适当减少副标签的内容，使副标签的大小可以满足粘贴在土样容器上盖的要求。

一般来讲，容器上盖的副标签更易于受到保护，所以副标签应满足与送样单比对与追溯要求。

4.4.7　主副土样标签均应做防水处理，以保证识别的效率。

4.4.8　施工中注意现场取样后临时保存的环境，由于受到施工现场条件的限制，在现场临时保存期间，土样受到的扰动较大，所以应采取措施，减少保存环境的温度和湿度波动，特别是要避免土样受到暴晒和冰冻，因为暴晒和冰冻不仅会造成土样含水率的改变，同时也会造成土样体积的改变，破坏土样的结构，造成土样无法满足试验要求。

4.4.9　运输土样的土样箱宜采用木箱，特别是长途运输时应加强土箱结构的稳定性，减少运输途中对土样震动和扰动。相同取样时间、钻孔的同一批次试样装入同一土样箱内，方便与送样单核查，在土样标签损坏时，也易于检查和补充。

4.4.10　送样单上标注土样的装入箱号，易于试验时及时查找相应地层的试样，也方便试验数据的追溯。

4.4.11　现场核对送样单并对土样质量进行检查，发现存在问题时，应及时补充新的土样。

4.4.12　土样放置的方向应和原始地层的方向一致，填充的物品可以是稻草，也可以是塑料泡沫等柔软缓冲材料，具体的材料选择应考虑现场的方便，其目的是避免在运输过程中受震动造成土样受到过大的扰动。

4.4.13　单个土样箱内装入土样的数量不宜过多，以利于运输途中的搬运和装卸，细则中对于单个土样箱的重量控制在40kg以下要求的目的，是方便人工搬运和装卸。当运输距离较远时，也可以将多个土样箱集中打包，装入体积较大的土样箱内，以方便运输，但搬运和装卸施工时需要使用叉车等设备。

4.4.14　在取样现场附近不具备室内冻土试验的条件时，对于易于振动液化、水分离析的土样，可以单独送样，并采取针对性的措施，减少送样途中的振动和扰动。

4.4.15 原状土送样单应按照单个试样的信息单独统计，清单中应包含全部试样的信息。送样单中的信息应尽量全面。

原状土试验委托书应按照土层分别提供，即按照每个土层的试验项目和试验温度分别统计。

全部土样送样完成时，应提供试验土层的含水率和密度等参数，供冻土试验时与测试的含水率和密度进行对比，评价试样受扰动程度。当试样的含水率、密度等参数与提供勘察报告中的数据差别较大时，应查明原因，必要时采用重塑土试样数据来作为相应地层设计选用的冻土指标。

另外，按照冻土试验报告内容的要求，送样时还应提供钻探时钻孔位置周围的环境、地表情况等说明，条件具备时还应提供代表性的彩色照片、钻孔过程中视频等资料。

4.5　原状土样的接收、贮存和初步处理

4.5.1　原状土试样接收后，质量责任由试验单位负责，所以在试样送到试验单位后，试验单位应验收质量后再予以接收。

4.5.2　送样单和试验委托书作为试样送样和接收的技术文件，应由送样单位和试验单位共同签字，分别保存，作为送样工作结束的依据。土样接收表登记的内容，是为了方便实验室的管理，即登记土样的原始编号和实验室内编号，保持两者的对应关系，方便后期试验数据对应试样的追溯。其中土样的原始编号为取样单位在试样上的编号，与土样标签上的编号一致，而土样的实验室内编号可根据实验室的习惯和要求重新编号，方便试验中数据的记录。土样接收表的内容可参照条文第4.5.3条的要求。

4.5.3　土样送交试验单位后，存放的环境要求是恒温恒湿的室内环境，目的是减少土样存放过程中水分的散失和结构

的改变，减少土样受到的扰动。试验单位不具备恒温恒湿室内环境或者土样数量较多时，可将原状土样和保持天然含水率的扰动土样置放于阴凉不通风的地方，减少土样的扰动和水分蒸发，也可采用潮湿棉被覆盖土样的方法来减少土样的水分散失和温度的波动。同时实验室接收土样后，应尽快按照试验委托书的要求开展试验工作，缩短试样存放的时间。

4.5.4 对贮存的土样应小心搬运，妥善存放，存放地点宜相对固定，一般不应该频繁移动，以防止对土样产生过多的扰动。同时，土样打开蜡封后会加快土样水分的散失，所以打开蜡封的土样应尽快进行试验，一般不可以进行二次蜡封。

4.5.5 土样存放环境、卫生的要求按照实验室的规定和相关的规程要求执行，防止污染试验环境和周边环境。

4.5.6 本细则要求对原状土样进行初步加工，在方便贮存的同时，还应满足后续试样的制备程序和方法要求，减少后期土样加工的难度和对土样的扰动，提高冻土试验试样的加工质量。对薄壁取土器的淤泥质土样，为减少从薄壁取土器推出土样过程中的扰动，应控制土样推出的速率，保持匀速推出，建议尽量采用立式推土器。

4.5.7 试样处理过程中，如果实验室不具备恒温恒湿实验环境时，应尽量迅速操作，减少土样处理过程中水分的散失。

4.5.8 原状土的开土、加工过程强调对土样质量的鉴别，为了保证试验结果的可靠性，质量不符合要求的原状土样不能做力学性能试验。虽然块状土样一般被认为是最理想的原状土样，但实际上在其采取过程中同样存在一系列扰动因素。如果操作不当，质量也是难以保证的。在制样过程中发现土样质量不满足冻土试验要求时，应舍弃，重新选取新的试样加工后进行冻土试验。

4.5.11 对试样处理后的规格尺寸应满足不同试验制样的

尺寸具体要求。人工冻土试验的内容主要包括冻土的热物理参数和物理力学参数测试，不同试验内容需要的试样尺寸是不同的，具体的试样尺寸和加工方法可参照相应试验项目的标准和规范执行，也可按以下规定执行：

1 土样在现场通过探井、探槽或者探洞在未冻地层中采集时，每块土样尺寸不小于 250mm×250mm×250mm；在钻孔采集时，土样尺寸不小于 Φ90mm×200mm。

2 人工冻土单轴抗压强度试验、人工冻土单轴蠕变试验、人工冻土三轴剪切强度试验、人工冻土三轴蠕变试验，人工冻土静水压力下固结试验试样规格一般为 Φ61.8mm×150mm 和 Φ50mm×100mm，控制试样高径比为 2。

3 土层冻胀和融沉试验试样规格为 Φ（50mm～150mm）×（25mm～75mm），控制试样高径比为 0.5。

4 冻土弯拉强度试验试样规格为 200mm×50mm×50mm。

5 应保证试样最小尺寸大于土样中最大颗粒粒径的 10 倍。

6 土样的外形尺寸误差应小于 1.0%，其两端面平行度误差应不大于 0.5mm。

5 扰动土的取样

5.1 一般规定

5.1.1 人工冻土试验应以原状土试验为主，当原状土取样困难，或者需要的试样数量较多时，或者原状土冻土试样数量不能满足时，可以采用扰动土样来进行相关的试验，获取相应地层的冻土参数，供冻结设计和施工采用。

5.1.2 当扰动土样的取样数量较少时，可以采用钻探方法进行采集，具体的技术要求可参照原状土样的采集，试样的等级要求可以适当降低，以减少施工难度。土样质量为二至四级的轻微扰动、显著扰动和完全扰动的土样都可以作为扰动土样。同时，在采取原状土样过程中，剩余的原状土样和原状土样之间的间隔土层采取后也可以作为重塑土样。

当取样数量较多或者取样深度较小时，才可以采用探槽、探井或者探洞的方法进行取样。钻探还有不同的工艺和方法，不同的方法和工艺对取样质量影响较大，根据不同的地层性质来选择适当的取样方法是十分重要的，而取样的方法和设备的选择也是同样的道理。

5.1.3 在临近开挖的基坑内取土时，应选择距离人工冻结施工场地较近的基坑，一般距离不超过100m，且勘察报告显示相应的地层性质相差不大。

5.1.4 重塑土取土量除考虑到试样制备过程中的损耗外，还应考虑到增加试样需要的土量。

5.2 扰动土样的采集

5.2.1 采用探井、探槽和探洞的方法取样时，其开挖受到土层性质、地下水位等条件的制约。在采用探井、探槽或者探洞的方法来进行重塑土样的采集工作时，应注意做好作业过程中的安全技术措施，达到既能满足取样任务的技术要求，又要保证人身安全的双重目的。探井、探槽和探洞开挖过程及取样过程存在一系列扰动因素，如果操作不当，取样质量难以保证。按照本条规定的方法，可以降低土样暴露时间，减少土样的扰动，减少含水率的变化，也会减少土样的应力状态变化。

5.2.2 掘进深度不能过深，过深的掘进深度会造成施工困难、增加安全风险，并增加施工成本。

5.2.3 探井和探洞的深度、长度、断面的大小，除满足工程要求外，还应视地层条件和地下水的情况，采取措施确保便利施工，保持侧壁稳定、安全可靠。当探井较深时，其直径或边长应加大。探洞不宜过宽，否则会增加不必要的开挖工作量和支护难度。

5.2.4 从便于施工的角度考虑，当探洞的深度增加时，洞高和洞宽都应适当增大。

5.2.5 探井深度较大时，应根据地层条件设置支撑保护，支撑可采用全面支护或者间隔支护。全面支护时，每隔 0.5m 即在需要重点观察部位留下检查间隙，其目的是便于观测。

5.2.6 扰动土样的采集地点不能受到注浆施工的影响，所以在基坑内选择取土点时，应远离注浆区域，防止注浆施工对地层的扰动。

5.3 扰动土样的包装和运输

5.3.1 扰动土的土样宜装入密封取样袋，当不能提供足够的取样袋时，可以考虑用其他装土容器替代。装土样的容器的选择原则是保证运输过程中不会对运输工具和环境造成影响。扰动土试样可以按照原状土样的装样要求，装入试样筒后，不需要蜡封，或者取样后直接装入 Φ130mm 的薄壁 PVC 管中，管两端堵头胶水密封，用胶带加固后运回实验室，进行相应的试验。当采用 PVC 管装样时，PVC 管的长度取 1m ~ 1.5m 为宜，以方便运输。同样的，扰动土样也可以采用密封包装袋、密封塑料桶等封装，以保证运输过程中不对环境造成污染为主。为防止取样记录标签在袋内湿烂，可将标签粘贴于袋外或桶外，也可用另一个小塑料袋装标签，再放入土袋或桶中；或将标签折叠后放在盛土的塑料袋口，并将塑料袋折叠收口，用橡皮圈绕扎袋口标签以下，再将放标签的袋口向下折叠，然后再以未绕完的橡皮圈绕扎系紧。

5.3.2 扰动土样在试验前需要风干碾散后重新制样，所以扰动土样的运输和贮存环境不做具体要求，按照正常货物运输要求即可，但注意不应造成对运输车辆和环境的污染。

5.4 扰动土样的接收、贮存和初步处理

5.4.1 本细则适用于扰动土样的预备程序、扰动土样的制备程序。扰动土样的制备，包括风干、碾散、过筛、匀土、分样和贮存等预备程序以及制备试样程序。

5.4.2 试验中用水除有特殊要求外，一般试验可采用纯净水，水的比重取值为 1，密度取值为 $1g/cm^3$。

6 冻结原状土的取样

6.1 一般规定

6.1.1 冻结原状土样的采取可参照多年冻土的取样相关规定，所以冻结原状土试样的取样除应遵守本细则之外，尚应符合有关现行强制性国家标准的规定，具体可参照野外冻土取样的相关规定。为缩短取样时间，可以通过液氮超低温冻结方法快速形成冻结壁，在冻结壁上进行冻结原状土试样的采集工作。但液氮冻结形成的冻壁温度低，强度高，会造成取样施工难度大，所以需要选择合适的取样位置。

考虑到冻结原状土样采用钻探方法采取时不易控制质量，因此在有条件时应通过探井、探槽和探洞的方式揭露冻结壁后，采用刻取的方法进行试样的采集，初步加工后运送到实验室内进行后续加工处理，满足后续试验的要求。

6.1.2 取样的位置应离冻结壁边界 0.3m 以上，防止钻进后地下水进入冻结壁内部，影响冻结壁和地层的稳定性。同时靠近冻结壁边缘处，冻土温度高，取样难度大，取样后易造成冻结壁外部的地下水进入取样空间，影响取样施工，所以在取样时应远离冻结壁边缘 0.3m 以上。

考虑到冻结管存在的影响，防止钻进过程受到冻结管的影响，取样的区域应离冻结管 0.3m 以上，同时应考虑根据冻结管外温度场的分布规律，距离冻结管越远，其冻结壁的温度越高，强度越低，所以应根据取样的要求，选择合适的取样位置。

6.1.3 在钻孔中下金属套管防止孔壁坍塌和掉块，应保持套管孔口高出孔口一定高度，以防止地表水流入孔内融化冻结壁。

6.1.4 冻结原状土样采集环境多处于人工冻结形成的低温环境下，特别是在采用液氮冻结形成冻结壁时，取样施工的环境温度较低，应采取相应的措施防止施工人员冻伤。而取样设备离冻结壁近，也容易出现低温影响设备运转的情形，应在施工前采取相应的防冻措施，保证取样过程中设备正常运转。

6.2 冻结原状土样的采集

6.2.1 冻结原状土样取样过程的技术要求，可以参照多年冻土的勘察规范《冻土工程地质勘察规范》(GB 50324) 相关规定，同时也可以引用现行行业标准《铁路工程地质钻探规程》(TB 10014) 的相关规定。冻土钻探取样回次进尺随含水率增加、土温降低而加大，钻进过程中应少钻勤提，以避免冻土全部融化。对于富冰冻土回次进尺可达 1.0m 以上，在冻结壁内钻进时，钻探产生的热量破坏了原来冻结壁内冻土温度的平衡条件，引起冻土融化，会造成孔壁坍塌或掉块，影响正常钻进。

冻土钻探过程中，一般不建议采用冲洗液。当钻孔的孔壁较难维护稳定时，可以采用低温冲洗液循环钻进，但要保证循环过程中不能造成冻结壁温度的升高和融化。

6.2.2 采用岩芯管取样时宜采取大直径的试样，以减少取样过程对冻土试样的扰动，也方便实验室后期的试样加工。如果采用岩芯管取样较困难，可以采用薄壁取土器击入冻土后进行取样。击入取土器时宜采取一次击入，避免多次击入。因为多次击入易造成土样断裂或受压呈层状，会影响取样质量。

6.2.3 当钻孔内有残留的松散冻土时，再次钻进极易造成松散冻土的融化，影响钻进进尺，也会影响到钻孔的稳定性，所以应及时清理后再进行钻进。当钻孔较深较难清理时，可适当扩大已钻钻孔，清理松散冻土后，再进行后续钻孔取样。

钻进过程中出现不能连续钻进时，应及时将钻具从孔内退出，防止钻孔周围冻结壁的回冻将钻具冻住，影响后续的钻进施工，甚至造成钻具无法从钻孔内退出。

6.2.4 保持冻结壁的冻结状态主要取决于钻进方法、取样方法和取土工具，必须保证孔底待取土样不受钻进方法产生的热量影响，要求取样前应使孔底恢复到钻进前的温度状态。在接近取样深度时，应严格控制回次进尺，以保证取出的土样保持原来冻结壁的冻结状态。为了保持冻结壁中钻孔孔壁稳定，也可设置护孔管及套管封水结构。

6.2.5 从岩芯管取芯过程中，采取辅助措施时应注意尽量减少对冻结原状土样的扰动，保证取样质量。

6.3　冻结原状土样的包装、运输和贮存

6.3.1 在冻结壁内取出的冻结原状土样应及时装入具有保温性能的容器内。为了减少运输与保存过程对冻结原状土样的扰动，宜在现场进行试验。当现场不具备试验条件时，应及时送实验室进行后续试验。试样运送过程应采取措施减少对土样的扰动，保证取样质量。

6.3.2 试样密封的目的是减少运输过程中水分散失，并方便运输。土样标签应贴在塑料袋外部，防止冻土融化造成标签污染，影响土样的识别。塑料袋外也可以贴主、副标签，主、副标签的内容和格式可以参照原状土样的相关规定。为了保护标签和加强密封效果，也可以将土样用双层塑料袋包装密封。

6.3.3 冻结原状土样运送过程的温度可保持在 −30℃~ −5℃之间，保证运送过程中冻土不发生融化，保持土样冻结状态下冷藏运送至实验室。在运输过程中应避免试样振动，可以在试样箱底部垫松软防震材料。

6.3.4 冻结原状土样的接收程序可参照原状土样的相关规定和要求。

6.3.5 土样存放在恒温冷库的指定位置，尽量减少存放过程中的移动和搬运，以减少对土样的扰动。存放期间环境温度波动不应超过3℃，过大的温度波动会造成土样内部的水分迁移，从而改变土样内部含水率的分布，影响后续试验结果。